SEPTIÈME LETTRE

A M. BONAFOUS,

DIRECTEUR DU JARDIN ROYAL DE TURIN,

SUR L'ÉDUCATION

DES VERS-A-SOIE,

ET SUR

LA CULTURE DU MURIER

DANS LE DÉPARTEMENT DE L'AVEYRON,

PAR AMANS CARRIER, DE RODEZ.

RODEZ,

DE L'IMPRIMERIE DE CARRÈRE AÎNÉ, IMPRIMEUR-LIBRAIRE.

—

1836.

SEPTIÈME LETTRE

A M. BONAFOUS,

DIRECTEUR DU JARDIN ROYAL DE TURIN,

SUR L'ÉDUCATION

DES VERS-A-SOIE,

ET SUR

LA CULTURE DU MURIER

DANS LE DÉPARTEMENT DE L'AVEYRON

Par Amans CARRIER, de Rodez.

Rodez, le 1ᵉʳ janvier 1835.

Monsieur,

A mon dernier voyage à Paris, j'ai promis de vous raconter, dans une de mes lettres, de quelle manière m'était
venu mon goût si vif pour l'éducation des vers-à-soie, et
comment j'étais arrivé à penser que le mûrier pouvait être
utilement cultivé dans le département de l'Aveyron. Je me
souviens aussi que vous m'avez exprimé le désir d'avoir
une petite notice sur une de mes plantations qui a été
quelquefois l'objet de nos entretiens. J'aurais depuis long-
temps satisfait à cet engagement, si je n'avais pas cru convenable d'attendre le résultat de la végétation de cette année,
pour vous présenter un rapport plus complet. Aujourd'hui
je vais vous dire, tout simplement, les choses comme elles
se sont passées.

Origine de ma vocation pour l'éducation des vers-à-soie, à Rodez.

M. Mourgues, du Vigan, chef d'un des bureaux de
notre préfecture, que j'avais l'habitude de voir dans un

cercle, me parlait souvent de la culture du mûrier et de ses produits. En 1819, il me présenta un tableau si séduisant des énormes avantages que cet arbre procurait aux Cevennes, pays sur plusieurs points semblable au nôtre, qu'il piqua vivement ma curiosité, et me décida sans peine à essayer la première éducation de vers à soie qui jamais ait été faite à Rodez. Cette expérience eut lieu sur la quantité de deux onces de graine, et fut complètement dirigée par Mme Mourgues, qui m'en avait aussi donné le conseil. Pour nourrir les vers, nous fûmes obligés de rechercher la feuille de quelques anciens mûriers dispersés dans nos campagnes et qui étaient les derniers restes de plantations faites avant 89.

Vous concevrez aisément qu'une tentative de cette nature, et dont la pensée naquit, pour ainsi dire, avec la jeune feuille, dût rencontrer de nombreuses difficultés dans son exécution. Le local, les ustensiles pour l'éducation, les ouvriers propres à ce nouveau travail, la fileuse, les tours, les fourneaux pour étouffer les cocons et pour les filer, toutes ces choses indispensables nous manquaient à-la-fois, et nous avions peu de temps pour nous préparer. Ajoutez à ces embarras l'éloignement et la rareté de la feuille, et vous saurez dans quelles circonstances nous nous trouvions le 21 avril, jour de l'arrivée de la graine. Eh bien! Monsieur, tous ces obstacles furent vaincus avec assez de bonheur; les vers réussirent très-bien, et malgré la perte d'une bonne quantité de cocons, qui furent percés par les rats, nous en récoltâmes 166 livres de fort bonne qualité.

Mme Mourgues fila elle-même une partie des cocons et fit filer les autres sous ses yeux, par une ouvrière de Rodez qui avait servi de tourneuse deux ou trois ans dans le Vivarais. La soie qui en provint fut vendue ici, en foire, à un marchand d'Alais, au prix total de 319 fr., et les frais de toute nature ne s'étant élevés qu'à 282 fr., nous eumes un boni de 37 fr.

Ce résultat, quelque minime qu'il paraisse, était très-satisfaisant dans notre position ; on l'appréciera mieux si on veut bien remarquer que toutes les dépenses furent extraordinaires, et que la feuille, qui nous fut donnée presque partout, nous coûta néanmoins, terme moyen, rendue sur place, 8 fr. 50 c. le quintal.

Cette expérience fut renouvelée en 1820 et 1821 sur une égale quantité de graine, et toujours conduite par Mme Mourgues. La première nous donna 92 livres de cocons par once, et la deuxième 87, produit encore supérieur à celui qu'on obtient habituellement dans les contrées où cette industrie prospère le mieux.

Durant ces divers essais, je suivais avec autant d'assiduité que d'intérêt la pratique des procédés et la marche progressive des éducations. Hors de l'atelier, j'étudiais constamment Olivier de Serres, l'abbé de Sauvages, l'abbé Rosier, et particulièrement Dandolo, ouvrage dont la division me permettait de suivre jour par jour le développement de nos précieux insectes. Ma curiosité était d'autant plus vive que je n'avais pas encore vu de vers à soie avant 1819. Ces études me persuadèrent bientôt que la méthode que je voyais employer était vicieuse sous plus d'un rapport. J'essayai d'amener Mme Mourgues à changer de système en adoptant plusieurs améliorations qui me paraissaient importantes ; je l'engageai plusieurs fois à abandonner certaines pratiques que je croyais propres à vicier l'air de la chambrée au lieu de l'assainir : par exemple, celle de promener tous les matins, autour des claies, une poële à frire dans laquelle on avait fait fondre quelques tranches de jambon et d'où s'exhalait une vapeur brûlante et peu agréable, qui devait néanmoins, disait-elle, réjouir les vers et contribuer à leur bonne santé. D'autres fois, lorsqu'elle trouvait quelques-uns de ces petits animaux morts sur la litière, elle attribuait ce désastre au nombre, et le plus souvent, à la qualité des personnes qui venaient les visiter. Elle ordonnait alors impitoyablement de fermer les portes. Toutes mes instances furent inutiles : je trouvai cette dame inébranlable dans ses résolutions. Elle me déclara que si je portais le moindre changement à ses prescriptions, elle m'abandonnerait sur-le-champ. Désirant cependant profiter de mes observations ; voulant à tout prix utiliser l'instruction que je puisais dans mes livres, et n'espérant plus vaincre une obstination qui tenait à des préjugés d'enfance, je dus me priver, quoique à regret, des soins d'une personne à laquelle je devais, en très-grande partie, mon goût pour cette branche d'industrie.

L'année d'après, 1822, je dirigeai seul l'éducation de trois onces d'œufs, et j'obtins en suivant, le mieux possible, la méthode Dandolo, 107 livres de cocons par once. J'ai fait depuis, tous les ans, des éducations qui ont toujours approché et souvent dépassé 100 livres ; mais celle de 1833 a été la plus fructueuse de toutes, puisque 7 onces et demie de graine m'ont produit près de 10 quintaux de cocons, ou bien un peu plus de 128 livres par once. Cette année, 1835, a été la moins heureuse.

Une fois persuadé par des faits aussi constans que l'éducation des vers à soie réussirait à merveille à Rodez, je dûs songer à planter des mûriers : je le fis avec une telle timidité que j'en plantai seulement vingt en 1822, et cent trente-huit en 1823. Cette plantation fut faite aux portes de la ville, dans un bon fonds de terre. Les arbres venus de Montpellier reprirent bien, mais languirent cependant dans les deux premières années, soit à cause du changement de climat, soit à défaut de soins convenables. Les années suivantes, ils furent bien taillés et bien cultivés ; aussi leurs jeunes branches poussèrent avec une grande vigueur, et leur tronc se développa d'une manière remarquable. L'année dernière, la onzième de leur plantation, je récoltai sur près de trente de ces mêmes arbres, mais des plus beaux, cent livres de feuille sur chacun. Un seul en fournit 145 livres.

En 1826, j'avais beaucoup augmenté mes plantations, notamment en arbres nains, lorsque j'eus l'honneur de vous voir à Paris pour la première fois. Je me souviendrai long-temps de cette heureuse rencontre ! Je n'oublierai

pas, non plus, que je dois à vos avis et à la bonne direction que vous voulûtes bien me donner, une recrudescence
de zèle et la bonne part des succès que j'ai obtenus depuis.

A mon retour, je fis de la propagande muriomane par
paroles, par actions et par écrit ; je devins un vrai prédi-
cateur : mais je trouvai à cette époque peu de mes compatriotes disposés à profiter de mes sermons et à suivre mon
exemple. Parmi eux, il y en avait un grand nombre qui
étaient bien convaincus que notre pays était, sur plusieurs points, favorable aux éducations, mais ils n'étaient
pas également persuadés de la réussite du mûrier dans notre
climat. Quand je leur citais les grands et beaux arbres qui
nous restent après plus de soixante ans d'existence, et mes
plantations nouvelles dans le plus bel état de prospérité,
ils me répondaient : Vos mûriers sont encore trop jeunes
pour que cette plantation offre une garantie suffisante, et
d'ailleurs vous avez eu soin de les planter dans un terrain
de très-bonne qualité. L'exemple des vieux mûriers n'est
pas concluant non plus, attendu que ces arbres n'ont
point été soumis à la privation annuelle et complète de
leurs feuilles.

Je compris la portée et même la justesse de ces observations, et je jugeai que le temps n'était pas encore venu de
combattre, par de simples analogies, l'hésitation de mes
contradicteurs, fondée d'ailleurs sur un bon raisonnement,
quoique sévère. Je respectai ces dispositions, mais je ne
partageai pas leur incertitude, parce que j'avais, pour moi,
une conviction intime fondée sur une étude plus spéciale
de cette question, et que sais-je ? entraîné, peut-être, par
un instinct particulier.

Bien résolu néanmoins à ne pas reculer devant les obstacles, et comprenant qu'il fallait vaincre par des faits et par
des succès les préventions qui s'opposaient à l'introduction
rapide, dans le pays, d'une industrie, pour ainsi dire nouvelle pour lui, je pris le parti que je crus le meilleur : ce
fut de continuer mes éducations publiques, de multiplier

mes plantations, et de les faire, cette fois, sur le sol le plus ingrat du département.

Le choix du terrain fut aisé pour moi : j'avais à ma disposition, dans mon domaine de vignes, au-dessus de Marcillac, une pièce de terre calcaire, d'une assez grande étendue et de nulle valeur, que deux puissans motifs m'engageaient à prendre pour champ de bataille. Le premier, je n'ai garde de m'en défendre, était mon intérêt particulier : il me convenait de planter sur mon terrain pour en retirer plus de profit et pour changer en promenade utile les abords sauvages de la maison d'habitation, qui d'ailleurs est assez agréablement située. Je voulais, en second lieu, sur le sol le plus rebelle et qui ne pouvait raisonnablement recevoir d'autre destination, engager une lutte opiniâtre avec tous les embarras d'une plantation laborieuse. Je me disais encore qu'en cas de réussite, je donnerais un grand exemple et prouverais, d'une manière incontestable, que la plantation des mûriers, dans le département, pouvait se faire partout avec avantage : dans les bons fonds, avec moins de dépense et une plus prompte jouissance ; dans les médiocres ou mauvais, en y consacrant, à la vérité, une avance d'argent plus considérable, en ajournant un peu plus les récoltes, mais aussi en donnant au terrain une valeur infiniment supérieure à celle qu'il avait auparavant, tout en se créant une rente considérable.

La pauvreté de la couche végétale, la sécheresse de sa position, la rareté et le haut prix des fumiers, l'encombrement des pierres en tas fort rapprochés et l'inégalité du sol, rendaient cette entreprise fort chanceuse. Toutes ces difficultés réunies étaient bien de nature à effrayer une volonté timide, et pouvaient encore faire craindre des dépenses plus fortes qu'il n'était convenable d'en faire, en appréciant d'avance le revenu probable de la plantation.

Je savais de plus que pour obtenir les deux choses que je désirais, le bon emploi de mon argent et la conversion de mes compatriotes, j'étais condamné à réussir d'une façon complète et évidente pour tout le monde. Eh bien !

Monsieur, j'ai lieu de me féliciter d'avoir tenté cette opération délicate.

Notice sur cette plantation.

Le terrain dont je vais parler était de nature calcaire et de la contenance de quatre hectares, ou bien d'environ seize setérées, mesure locale : il était ouvert sur tous les points. La terre n'avait que quatre ou cinq pouces d'épaisseur, et cette terre est tellement légère et friable, que dans l'été le vent l'emporte à l'égal de la poussière des routes. Une assez grande quantité de chênes rabougris, plusieurs noyers chétifs, végétant çà et là, quelques genevriers et beaucoup de pruneliers entremêlés de ronces, étaient la seule richesse végétale de ce lieu.

Sur un des bords et près de la maison, était un assez grand jardin sec et maigre, et plus loin une chenevière. Cette petite pièce de terre était bonne, parce que de tout temps le vigneron, qui en prenait seul la récolte, la cultivait avec soin et la fumait bien. Voilà l'état exact de l'emplacement dont je pouvais disposer.

Avant d'adopter la moindre combinaison, je fis faire des fouilles sur plusieurs points, pour m'assurer des diverses qualités du sol inférieur et pour étudier la place où il conviendrait de tenter les premiers essais. Je résolus ensuite de planter cinquante mûriers sur une tige de cinq pieds d'élévation, et de les diviser en deux parties, chacune de vingt-cinq : la moitié dans le meilleur fonds, c'est-à-dire dans la chenevière, et les autres sur la partie que je supposais la plus rebelle.

Durant l'été de 1825, on prépara, des deux côtés, des trous de six pieds en carré et de deux pieds de profondeur. Dans la chenevière, on trouva une couche de terre d'une hauteur considérable, sans mélange de pierres ; on les avait sans doute enlevées successivement. De l'autre côté, on ne rencontra, par opposition, que des pierres ; mais celles-ci ne faisaient point corps et paraissaient avoir été anciennement déposées dans ce lieu : elles étaient recouvertes, à la surface, par quelques pouces de terre, et toutes les cavités intérieures étaient également garnies de terre.

Le 2 novembre de la même année, les cinquante mûriers furent plantés, des deux côtés, avec toute l'attention possible. On donna un léger panier de fumier à chacun. Le printemps d'après, tous les cinquante sujets poussèrent vigoureusement ; mais dans l'été, qui fut très-chaud, les vingt-cinq de la chenevière s'arrêtèrent dans leur végétation, tandis que ceux qui avaient leurs racines dans les pierres se développèrent d'une manière prodigieuse relativement à la nature du sol.

Averti par cette comparaison, je résolus de commencer ma grande plantation sur une partie du champ qui n'était pas, à la vérité, dans les mêmes circonstances que le point où les mûriers avaient si bien prospéré, mais dont le fonds était cependant composé de grosses pierres peu liées entre elles, assez molles, et dont je savais déjà qu'une bonne partie se délitait lorsqu'elles étaient exposées aux diverses influences de l'atmosphère.

Dans les mois de janvier et février 1826, on ouvrit deux cent quatre-vingt-dix-sept trous de six pieds carrés, et divisés en neuf rangées à quinze pieds de distance l'un de l'autre. Ces fosses restèrent ouvertes jusqu'au mois de novembre suivant, époque à laquelle furent plantés ces deux cent quatre-vingt-dix-sept arbres. Cette nouvelle plantation réussit fort bien : l'année d'après, je n'eus que cinq sujets à remplacer. Toutefois, leurs premiers jets n'égalaient pas en vigueur ceux qu'avaient produits leurs frères, plantés dans les pierres isolées.

La force et la longueur des lances que donnèrent ceux-ci à la seconde année, m'inspirèrent la curiosité de visiter les racines de quelques-uns, pour m'assurer des progrès qu'elles paraissaient avoir fait dans ce terrain quasi-artificiel. On les découvrit avec précaution, et je remarquai qu'elles avaient beaucoup grossi et qu'elles suivaient, avec facilité, en s'alongeant, les diverses routes tracées par les vides que les pierres laissaient entre elles, mais qui étaient bien garnis de terre meuble et fraîche. C'était le 16 septembre que cette opération fut faite, et à cette époque la sécheresse dominait encore partout.

Cette observation bien constatée confirma celle que j'avais été dans le cas de faire un grand nombre de fois, en voyant arracher, à-peu-près à la même place, des troncs de vieux chênes qui avaient acquis une grosseur assez considérable eu égard à la pauvreté du sol.

J'avais donc remarqué qu'en découvrant les racines de ces arbres, on en trouvait un bon nombre engagées dans les fentes, plus ou moins ouvertes, des pierres qui entou- raient le tronc et qui se répandaient à d'assez fortes distances. Mais, une chose très-curieuse et que tout le monde peut vé- rifier, c'est qu'après avoir traversé l'entre-deux de la masse du roc, en prenant la forme plate, ou triangulaire, ou tout autre, conforme à l'espèce de moule que leur présente le vide, les racines redeviennent constamment rondes en sortant de cette filière, et d'une grosseur analogue à la longueur du passage, diminuant néanmoins progressivement, comme elles le font toutes, à mesure qu'elles s'éloignent du tronc.

Ces deux faits que je venais de constater m'inspirèrent l'idée de former, autour des nouveaux mûriers que je dési- rais planter, une couche de terre et de pierres mélangées, pour que leurs racines, en pénétrant dans cette masse arti- ficielle, y trouvassent une nourriture convenable et la fraî- cheur sans laquelle toute végétation active est impossible. C'était d'ailleurs imiter le procédé que la nature emploie, et le perfectionner autant que possible.

Afin de réaliser ce projet, je fis choix, sur les bords de l'enclos, d'un terrain assez étendu pour recevoir trois ran- gées de mûriers sur 40 de file. J'étais pressé de faire dispa- raître, sur ce point, de nombreux tas de pierres qui flat- taient peu la vue. La quantité de ces pierres extraites était si grande, qu'on put juger à l'instant qu'elles suffiraient pour faire répandre, sur toute cette surface, une assise de

18 à 24 pouces, ce qui me dispensait de défoncer et même de faire ouvrir des fosses.

L'opération fut exécutée de la façon suivante : pour obtenir une inclinaison convenable et pour régulariser le sol, on fit un nivellement général. Des piquets furent plantés pour marquer la place des arbres, et on en plaça aussi de moins longs, de distance en distance, pour indiquer la hauteur supérieure qu'il convenait de donner à la couche de pierres qu'on allait répandre ; mais avant, il s'agissait d'enlever toute la terre qui se trouvait sur place.

Je fis découvrir une bande de 12 pieds de largeur et en travers. On enleva, jusqu'au ferme, toutes les pierres détachées et toute la terre qu'on rencontra ; celle-ci fut déposée sur les bords de la fouille, et les pierres servaient, à mesure, pour former la couche inférieure, suivant le mode qu'on emploie à établir la première assise des chaussées d'empierrement des grandes routes, avec la différence cependant qu'on avait soin de laisser assez de vides pour recevoir une certaine quantité de terre. Les pierres qui manquaient pour recouvrir entièrement la partie mise à nu, furent prises dans les tas voisins ; dans ce travail, on triait celles qui pouvaient servir de bon moëllon, et on les transportait, à l'instant, près de la ligne que devait parcourir le mur de clôture. Toutes les fois qu'on rencontrait un piquet indiquant la place d'un arbre, on laissait autour de lui un espace libre, plus ou moins régulier, mais assez grand pour n'avoir plus à déplacer une seule pierre au moment de la plantation. La première bande terminée, on passait à la seconde, et ainsi de suite ; mais alors, pour éviter un remaniement de terre, celle-ci était jetée, à mesure, sur la surface voisine qui venait d'être disposée. Tout ce plateau, qui a plus de 100 toises de longueur et 8 de large, fut préparé de la même manière, du 10 octobre au 15 novembre 1829.

On peut évaluer à 150 tombereaux la quantité de pierres qui restèrent sans emploi après l'opération, et qui furent enlevées et déposées dans le voisinage, mais hors de l'enceinte. La terre qui se trouva sur place, ou celle que je fis prendre sur les bords extérieurs de l'enclos, parut suffire à remplir les trous des arbres, à garnir les cavités de l'intérieur de la couche de pierre et même à former au-dessus d'elle une épaisseur de 5 à 6 pouces. A ce moment, la mauvaise saison me força d'ajourner la plantation qui, par diverses circonstances, ne put pas même se faire au printemps d'après, et ce fut seulement les 6, 7 et 9 novembre, que furent plantés les 120 mûriers.

Ces arbres ne reçurent point de fumier; seulement, lorsque leurs racines furent bien arrangées et recouvertes de quelques pouces de terre, on répandit au-dessus un bon panier de marc de raisin qui fut lui-même recouvert par des feuilles de chêne de deux doigts d'épaisseur; puis une autre couche de terre de 6 pouces, et ensuite une espèce de pavé formé de pierres plates et placées bout à bout sans être bien jointées. Le surplus de l'ouverture du trou fut comblé avec de la terre, jusqu'à la hauteur du sol.

Tous les arbres reprirent sans exception : ils donnèrent, dès la première année, des jets fort vigoureux : cette belle végétation s'accrut encore la deuxième et la troisième, et vers la fin du mois d'octobre 1834, des amis mesurèrent devant moi, sur ces arbres, des lances de l'année de la longueur de 11 pieds 1/2 sur 3 pouces 1/4 de tour à leur base. Une d'elles, qui fut coupée sur-le-champ, reste encore pour rendre témoignage d'un fait assez rare, même dans les meilleurs fonds. Ce luxe de végétation ne me laissa plus de doute sur ce que j'avais à faire pour terminer mes plantations sur un sol de cette nature.

Voulant prolonger les allées des deux cent quatre-vingt-dix-sept, et n'ayant pas, sur ce point, assez de pierres extraites pour en former une couche au-dessus du roc, et voulant aussi conserver la même pente du terrain déjà planté, je pris un autre parti qui, néanmoins, devait me donner le même résultat. Je calculai qu'au lieu de faire ouvrir, dans le ferme, des trous à quinze pieds de distance, la dépense ne serait pas de beaucoup plus grande en faisant pratiquer sur toute la longueur de chaque ligne un fossé

continu. Je me disais que chaque fois que l'ouvrier com-
mencerait un trou isolé, il éprouverait à chacun la première difficulté d'entamer la roche (que je savais d'ailleurs
plus rebelle sur ce point), et serait toujours peu à l'aise
pour extirper la pierre sur un espace aussi retréci, tandis
qu'en ouvrant la tranchée sur une plus grande largeur et
trouvant continuellement devant lui une bonne surface de
pierre découverte, il aurait la facilité de choisir les joints
convenables et ne serait pas obligé d'étudier, à chaque trou,
la veine de pierre la plus favorable pour entrer en jeu. Je
trouvais encore, dans ce système, l'avantage d'avoir une
plus grande partie de sol soulevée et l'espoir de dépenser
moins, quand on arriverait au défoncement des bandes intérieures qui se trouveraient parfaitement détachées, et
partant plus faciles à attaquer.

Cette idée reçut bientôt après son exécution : au lieu de
faire préparer deux cent soixante-dix trous séparés pour
ajouter trente mûriers à chacune des neuf files existantes,
je fis ouvrir neuf tranchées de près de cinq cents pieds de
longueur, huit de large et deux de profondeur.

Lorsque les ouvriers commençaient une tranchée, ils dé-
blayaient complétement les premiers dix-huit pieds de la
fosse, c'est-à-dire tout l'espace qui devait séparer un arbre
de l'autre. La terre était jetée sur l'un des côtés, et la pierre,
du côté opposé. On replaçait après, dans le milieu, en
conservant un espace libre de six pieds, à chaque bout,
pour recevoir les arbres, toutes les pierres de médiocre
grosseur pour former le lit de la couche artificielle, en la
maintenant à la hauteur de six pouces au-dessous du niveau
du sol permanent. L'opération se continua de la même manière jusqu'à l'extrémité de chaque ligne.

Cet emplacement, préparé comme je viens de le dire,
reçut, dans les premiers jours de novembre 1833, les deux
cent soixante-dix mûriers, qui furent plantés avec grand
soin.

Le haut prix du fumier en interdisait encore l'usage : il
fut remplacé par du marc de raisin et par une couche épaisse

de mousse, répandue sur un espace d'environ huit pieds carrés autour de chaque arbre. Une circonstance heureuse permit d'en employer une grande quantité, parce qu'elle fut trouvée quasi sur place, et presque sans frais ; une femme, en sept jours, en réunit, à portée de la plantation, au moins le volume de vingt chars à bœufs. Cette mousse fut trouvée sur d'énormes et nombreux tas de pierres, réunis très-anciennement dans un bois qui borde ma propriété.

La plantation fut faite avant qu'on eût le temps d'enlever les pierres dont on n'avait plus besoin, On peut en évaluer la quantité à la moitié de celles que produisit le défoncement. Elles furent employées, presque en totalité, à la construction du mur de ronde.

Vers la fin de 1834, j'ai encore voulu faire une nouvelle tentative de plantation sur un fonds à-peu-près semblable à celui de la chenevière. Trente-six mûriers ont été plantés aux angles de chaque carré du jardin, considérablement amélioré depuis quelques années.

Toutes ces diverses plantations, à haute tige, se complètent par soixante autres mûriers essayés dans la vigne, soit en ligne, soit isolément. Ajoutez à ce nombre environ cinq cents nains disposés en haie ou en massif, et vous aurez un état complet de ce qui est déjà fait.

Deux années encore me sont nécessaires pour achever cette entreprise ; il ne reste plus, pour la terminer, qu'à finir les défoncemens sur deux parties, et à préparer le surplus du terrain que je destine à deux mille mûriers nains.

Ayant déjà raconté les divers procédés qui ont été employés dans cette plantation, je dois vous faire connaître aussi l'état actuel des arbres de chaque catégorie, après les avoir examinés durant tout le mois d'octobre dernier.

Vous vous souvenez, Monsieur, que les 50 premiers mûriers furent plantés sur deux points fort dissemblables. Je dois les suivre avec quelques détails, dans leur végétation plus ou moins heureuse, parce que c'est sur elle que j'ai établi la base de mes opérations. Voici les faits tels que je les ai observés.

Les vingt-cinq sujets plantés dans un sol où l'on n'avait rencontré que des pierres détachées, réunies cependant et recouvertes par une légère couche de terre, ont merveilleusement prospéré : leur tronc et leurs branches ont pris tous les ans un accroissement rapide. Aujourd'hui leur tête est fort arrondie et parfaitement développée. Ils n'ont point encore été dépouillés, mais ils le seront au printemps prochain. On peut évaluer à 60 livres le produit de chacun à cette époque.

Les 25, au contraire, qui furent placés dans la chenevière, dont la terre était profonde, sans mélange de pierres, bien et depuis long-temps fumée et parfaitement travaillée, reprirent fort bien, à la vérité, mais aussitôt que les chaleurs de l'été arrivèrent, la sécheresse s'empara du sol : elle pénétra avec facilité dans une terre légère, assise sur un roc poreux qui ne peut retenir les eaux pluviales, et alors les jeunes jets ne s'alongèrent plus, les feuilles jaunirent un peu, et la végétation de la majeure partie de ces arbres parut suspendue. L'année suivante, avant le renouvellement de la sève, les petites branches furent taillées très-sévèrement, afin d'obtenir des pousses plus vigoureuses ; on ne laissa sur les arbres que deux ou trois nouveaux jets, et seulement deux yeux sur chacun. En pratiquant cette opération, on remarqua que la tête de 5 à 6 mûriers était sans vie : on fut obligé de leur rabattre le tronc à un, deux ou trois pieds du sol, suivant la gravité du mal. Ces soins se trouvèrent insuffisans ; ils ne produisirent dans la suite que des pousses rares, courtes et maigres ; elles furent si chétives en 1831, que je me décidai à les changer de place et à les essayer dans la vigne même. Dans cette position, ils ont bien repris et se sont rétablis de façon à faire espérer que leurs nouvelles branches pousseront vigoureusement, au printemps prochain, la greffe en écusson qu'elles ont reçue en automne. D'après cette expérience, il paraîtrait démontré que le non succès de ces arbres doit être complétement attribué au défaut d'humidité.

Une faute grave, dont je n'ai pas tardé à me repentir, c'est de n'avoir pas essayé, avant de faire arracher ces arbres, de les envelopper de toutes parts, sous terre, à la hauteur des racines et un peu au-dessous, d'un lit de pierres qui les aurait placés dans les mêmes circonstances que les premiers. J'ai, dans ce moment, la conviction qu'ils se seraient rétablis sur place, et par ce résultat, si je l'avais obtenu, j'aurais eu et pu donner la certitude complète que le mélange des pierres, même à une forte dose, avec la terre, est le moyen le plus efficace de conserver aux racines, dans un pays sujet à la sécheresse, la fraîcheur dont elles ne peuvent se passer.

Une remarque que je crois utile de consigner ici, parce qu'elle tend à faciliter l'emploi de ce procédé, c'est que là où le terrain est de cette nature, les pierres sont généralement fort abondantes et la terre assez rare; de sorte qu'en combinant et mélangeant ce dont on n'a pas assez avec ce qu'on a de trop, on peut obtenir un sous-sol très-favorable à la végétation des arbres et donner aux plus mauvaises terres, sans beaucoup de dépenses, une valeur qu'elles ne peuvent acquérir de nulle autre manière. Je conseille hardiment à tous les propriétaires, de petits essais en ce genre, et si quelques-uns les tentent, je suis persuadé qu'ils seront encouragés à leur donner un développement successif.

Arrive le tour des 297 mûriers plantés à la fin de 1827 dans des trous isolés, pratiqués dans le roc formé de couches plates et divisées, ayant dès-lors de nombreuses fissures recélant des filons de terre de 6 lignes à 2 pouces d'épaisseur, dans lesquelles je supposais, avec quelque raison, que les racines pourraient s'insinuer avec assez de facilité.

Cette plantation est complète. Les arbres sont beaux, leur tête est grande, bien formée et couronnée par des jets vigoureux; mais il semblerait que leur tronc n'a pas pris une croissance égale à leur branchage; il est néanmoins aisé de prévoir qu'ils fourniront, l'année prochaine, l'un portant l'autre, 40 livres de feuilles chacun, ou bien cent vingt quintaux en totalité. L'état de cette plantation est très-satisfaisant sans doute ; cependant, les arbres étant arrivés sans être dépouillés à l'âge de 8 ans, leur produit pourrait être plus considérable, si deux causes que je crois vraies n'avaient retardé le moment d'un rapport plus avantageux. La première, c'est que, pour avoir des sujets déjà acclimatés, je les avais pris dans mes pépinières ; ils étaient fort jeunes et très-minces ; la deuxième, que j'ai constatée en faisant découvrir les racines de quelques-uns d'entr'eux, c'est que ces racines, déjà grandes et nombreuses, se sont bien introduites un peu avant dans les fissures des pierres, mais avec difficulté ; une bonne partie même a été refoulée dans l'emplacement de la fosse, et s'y trouve agglomérée comme dans un vase. Les mesures sont prises pour remédier à ce grave inconvénient, qui, de plus en plus, arrêterait la croissance des arbres qui promettent une grande prospérité. On va défoncer tout le terrain cet hiver, et cette opération ne sera pas d'un prix très-élevé, parce que la pierre est d'une extraction facile et déjà entamée sur toute la surface, par les 297 trous.

Viennent ensuite les 120 arbres placés dans le sol qui a été pour ainsi dire créé. Ceux-ci sont magnifiques : jamais, et dans aucun lieu, la végétation n'a été ni plus prompte, ni plus brillante ; leur tête et leur tronc ont pris un accroissement égal et rapide. Quoiqu'à la taille dernière, leur couronne ait été élargie et élevée de 9 à 15 pouces, suivant la force des sujets, les lances de cette année sont plus nombreuses et aussi belles que celles dont j'ai conservé l'échantillon.

L'important était de connaître l'état des racines, de savoir comment elles se comportaient dans cette masse composée, de s'assurer du plus ou du moins de facilité qu'elles trouvaient à s'engager et à se classer dans les nombreuses filières de terre formées par les vides des pierres. Pour procéder à cette vérification d'une manière satisfaisante, je fis découvrir tout l'espace contenu entre quatre arbres, vis-à-vis

les uns des autres et vers le milieu de la plantation : c'était,
ce me semble, le meilleur moyen d'étudier les racines du
quart entier de la circonférence de chaque arbre. Lorsqu'on
eut enlevé toute la terre qui se trouvait sur les assises de
pierre, on aperçut bientôt quelques racines qui rampaient
au-dessus d'elles. A partir d'un tronc à l'autre et en croix,
on mit dehors toutes les pierres qui se rencontrèrent sur
ces deux lignes ; ces deux tranchées, d'environ 2 pieds de
largeur, furent faites jusqu'au ferme avec précaution. Un
examen attentif permit de vérifier les faits suivans.

Les racines furent trouvées belles et nombreuses ; les
principales, qui se ramifiaient quasi toutes à quelques pieds
du tronc, étaient d'une grosseur passable et semblaient
s'être alongées sans peine, en suivant la direction que leur
présentaient les diverses cavités des pierres. Le chevelu
n'était pas très-épais, mais les filamens me parurent plus gros
que ceux des autres arbres. Les différentes fouilles qu'il fût
possible de pratiquer sur les bords des deux tranchées, sans
trop déranger les racines, ne suffirent pas pour arriver à
l'extrémité de quelques-unes d'elles. Sur plusieurs points
des ouvertures, on s'aperçut que d'autres racines apparte-
nant aux arbres des deux lignes distantes de 15 pieds, se
croisaient déjà sans se rencontrer, puisqu'elles suivaient,
parmi les pierres, une route différente : on aurait dit que
leur instinct leur indiquait le chemin qu'elles devaient
prendre pour se donner une nourriture à part. Si je ne
pouvais offrir de renouveler cette recherche devant le premier incrédule qui se présentera, j'hésiterais à constater ici
des faits aussi extraordinaires que précieux.

Nous arrivons sur le terrain des 270 mûriers qui ont été
plantés dans les neuf tranchées continues, et dont l'intérieur
fut préparé de la même façon que le dernier. Ces arbres ne
sont en place que depuis deux ans et n'ont point encore été
greffés ; ils le seront à la prochaine sève. Trois ne reprirent
pas à la transplantation, et quatre, qui n'avaient pas poussé
à leur tête, furent raccourcis plus ou moins bas, suivant
qu'on rencontra sur la tige un jet qui pût la prolonger de

nouveau et leur rendre la hauteur de leurs voisins. Tous, à l'exception des 7 dont je viens de parler, donnèrent de jeunes pousses belles et multipliées ; quelques-unes acquirent la longueur de 4 pieds. Ces branches furent taillées avant le printemps dernier et réduites à deux ou à trois, et celles-ci coupées au-dessus de leurs deux ou trois yeux inférieurs, suivant leur force. Les lances de cette année, parties de tous les yeux conservés, se développèrent avec une telle vigueur, qu'on fut obligé de laisser sur la tige et sur la fourche de l'arbre tout le menu branchage, afin d'empêcher que les jets nouveaux ne prissent des dimensions trop fortes, qui auraient entravé l'opération de la greffe.

Les racines de deux de ces arbres furent également examinées, et cette visite confirme les observations faites sur les cent vingt. On peut remarquer néanmoins que celles qui se dirigeaient vers les bords de la tranchée, et qui étaient assez longues pour l'atteindre, s'étaient vainement présentées pour gagner le sol ferme, et qu'elles avaient été obligées de se retourner pour suivre la direction de la ligne préparée.

Il vous souvient encore, Monsieur, qu'au moment de la plantation de ces deux cent soixante-dix mûriers, je fis mettre une bonne quantité de mousse avant de recouvrir entièrement leurs pieds. Voici de quelle manière, si je ne me trompe, elle a pu agir favorablement sur leur végétation : Placée entre deux terres, sur leurs racines, cette mousse a dû y produire l'effet d'une éponge qui, toujours légèrement imbibée, n'a jamais laissé évaporer l'humidité inférieure, a reçu et conservé long-temps les infiltrations pluviales ; qu'elle ne rendait aux racines qu'à mesure de leurs besoins et pour ainsi dire goutte à goutte. Au bout de deux ans, cette mousse était presque décomposée ; la couche, sensiblement amincie, s'était agglomérée en forme de matelas applati, et tombait en poussière noirâtre aussitôt qu'on la prenait dans les mains. Elle laissera toujours sur place un terreau bienfaisant.

Le marc de raisin, qui est si efficacement employé par nos habiles vignerons pour faire pousser de la barbe à leurs crossettes, semble aussi avoir produit un heureux effet.

Les trente-six arbres plantés il y a un an dans les carrés du jardin, sont en ce moment dans le même état de tristesse qu'étaient les vingt-cinq qui furent plantés dans la chenevière. Végétation passable d'abord ; mais ensuite, lorsque les chaleurs de l'été sont venues, la sève s'est arrêtée et n'a presque plus donné signe d'existence. J'avais voulu renouveler la première épreuve, et je n'ai obtenu que les mêmes effets. Cette fois, néanmoins, les arbres ne seront pas arrachés : je saurai ce qu'ils peuvent faire à cette place, aidés du secours des pierres et de la mousse. Nous verrons bien l'année prochaine.

Je termine cette revue par la visite faite aux soixante mûriers plantés dans la vigne et parmi lesquels je ne comprends pas les vingt-cinq malades repris de la chenevière. Ces arbres, placés là pour faire un essai, sont bien venans et passablement vigoureux. Il faut encore du temps pour savoir si j'ai bien ou mal fait. Ce que je sais dans ce moment, c'est que leurs racines s'entrelacent à merveille avec celles de la vigne, et paraissent vivre de la meilleure intelligence. On n'a pas remarqué que la récolte du raisin fût amoindrie sous leur jeune feuillage.

Je viens de vous raconter les faits que j'ai enregistrés avec une minutieuse attention ; mais je me garde bien de penser que les procédés que j'ai adoptés soient les meilleurs et que mes diverses combinaisons soient parfaites : je les présente seulement parce que j'en ai obtenu de favorables résultats ; mes prétentions ne vont pas au-delà. Je suis, du reste, tout prêt à les modifier ou à les changer, si on a la bonté de m'en indiquer de préférables.

Il m'importe toutefois de répondre aujourd'hui à des observations critiques qui pourraient m'être adressées avec quelque apparence de vérité. Elles peuvent porter sur deux choses : 1° le trop grand rapprochement de mes arbres, que j'ai placés seulement à 15 pieds l'un de l'autre en tout sens ; 2° de n'avoir laissé à leur tige qu'une élévation de 5 pieds au-dessus du sol. Que d'abord on veuille bien ne pas perdre de vue la nature du terrain sur lequel la planta-

tion a été faite , et qu'on examine ensuite les raisons que
j'avais pour agir de la sorte ; les voici : on jugera.

La qualité du sol , même après l'avoir beaucoup amélioré , suivant moi , ne pouvait pas me faire espérer des
arbres d'une grande dimension , et capables de produire
une quantité de feuille égale à celle qu'on recueille sur ceux
qui sont plantés dans des fonds de prédilection , et à la
portée des arrosemens artificiels. Je n'ai donc pu ambition-
ner qu'une production médiocre , et j'ai dû réduire mes
prétentions à obtenir des arbres du rapport de un à deux
quintaux de feuille chacun , et encore après beaucoup
d'années d'existence. Et bien , je pense , et l'expérience
m'en donne la conviction , que la distance de 15 pieds
d'un sujet à l'autre suffit pour obtenir ce résultat ; qu'elle
permet à la tête de ces arbres de s'arrondir et de s'étendre
assez sans se croiser. Elle est assez grande aussi pour n'en-
traver en aucune manière la circulation de l'air et de la lu-
mière. Je sais qu'on pourra me dire que ce sol , couvert
par un feuillage épais , ne sera plus propre à d'autres récoltes. A cela je répondrai que je suis depuis long-temps
prévenu qu'il faudra cesser d'exiger de lui d'autres produits , lorsque les arbres arriveront à l'âge de 12 ou 15 ans.
A la vérité , quand ce temps sera venu , on n'aura plus
la valeur des récoltes secondaires pour payer les frais de
culture, mais alors aussi le produit de la feuille sera un bien
ample dédommagement. Cet ombrage d'ailleurs , que , dans
ma situation , je désire et ne crains pas , produira sur mes
arbres l'effet salutaire qu'en éprouvent dans les bois les
grands végétaux , qui y prospèrent parce qu'ils ont leurs racines à l'abri des ardeurs du soleil, et leurs pieds engraissés,
tous les hivers , de leurs dépouilles vivifiantes.

Oserai-je ajouter à ces considérations un fait qui m'est
personnel, et qui a bien son mérite ? J'avais près de cinquante ans lorsque j'ai commencé cette plantation , et je
voulais, à tout prix, obtenir vite des produits. Le moyen
qui me parut le plus simple fut de multiplier mes arbres le
plus possible. A cet âge, on est pressé de jouir.

Ce n'est pas sans réflexion, non plus, que je n'ai donné

que cinq pieds d'élévation à la tige des mûriers. Qu'on sache qu'ils occupent une position élevée, découverte sùr tous les points, et par conséquent exposée à toute la violence des vents. N'ai-je donc pas bien fait de leur tenir la tête basse, quand ils sont d'ailleurs assis dans un sol léger, peu profond et sans consistance ? Une autre considération que ma pratique m'a permis d'apprécier plusieurs fois, c'est que plus le tronc d'un arbre est court, plus celui-ci gagne vite en grosseur et en étendue.

Cette lettre est déjà bien longue, néanmoins je ne puis me résoudre à la terminer ici, parce que je sais qu'il ne suffit pas de savoir le nombre de mûriers qui ont été plantés et les procédés qui ont été employés ; il s'agit encore de constater la dépense faite, et d'évaluer, du moins d'une manière approximative, le revenu qu'on peut raisonnablement en espérer ; c'est ce que je vais faire.

Les arbres sont bien soignés par le vigneron, qui leur donne deux ou trois façons tous les ans, suivant le besoin. Pour le dédommager de ce travail, je lui abandonne la valeur entière des récoltes de légumes de diverses espèces qu'il recueille sur une largeur de 7 à 8 pieds dans toute la longueur des lignes. Par ce moyen, il reste toujours une bande de terre, sur la file et autour des mûriers, de 6 à 7 pieds de large, qui n'est épuisée par aucune plante quelconque.

Le jardinier que je paye à l'année pour les travaux de mon établissement de Rodez, greffe et taille les mûriers. Le bois que j'en retire tous les ans payerait amplement, si j'avais besoin de l'évaluer, le temps qu'il emploie à ces opérations.

Voici le compte de mes dépenses par année et par mode de plantations.

En 1825, mûriers, 50.

50 trous à la tâche, à 25 c......	12 f. 50 c.	
50 mûriers, à 75 c...........	37 50	
Fumier pour 50 mûriers, à 60 c..	30	87 f. 50 c.
5 journées pour la plantation, à 1 fr. 50 c................	7 50	

Revient par arbre, 1 fr. 75 c.

A reporter... 87 50

Report... 87 f. 50 c.

En 1826, mûriers, 297.

297 trous à la tâche, à 25 c..... 74 f. 25 c.

297 mûriers, à 75 c............ 222 75

Déblai des pierres extraites : 24

    journées, à 1 fr. 50 c........ 36 00

Transport de la terre du dehors

    pour remplir, dans les trous,

    le vide laissé par la pierre ex-

    traite : 19 journées, à 1 fr. 50 c. 28 50

Fumier pour 297 mûriers, à 40 c. 118 80

26 journées pour la plantation,

    à 1 fr. 50 c................... 39 00

    } 519 30

  Revient par arbre, 1 fr. 75 c.

———

En 1830, mûriers, 120.

Préparation de 3,360 mètres carrés de terrain,

    soit pour le mouvement des terres, soit pour

    former la couche de pierres, soit pour en-

    lever les pierres surabondantes, soit enfin

    pour rapporter du dehors la terre qui man-

    quait : 137 journées, à 1 f. 50 c. 205 f. 50 c.

120 mûriers, à 75 c............ 90 00

13 journées pour la plantation,

    à 1 fr. 50 c................ 19 50

    } 315 00

  Revient par arbre, 2 f. 62 c. 1/2.

———

En 1833, mûriers, 270.

Pour l'ouverture de 9 tranchées de 150 mètres

    de longueur chacune, et la préparation des

    intervalles qui séparent un arbre de l'autre :

A reporter..... 921 80

Report... 921 f. 80 c.

209 journées, à 1 fr 50 c...... 313 f. 50 c.

9 journées de tombereau à un collier, pour l'enlèvement des pierres inutiles , à 5 fr...... 45 00

270 mûriers, à 75 c........... 202 50 } 614 50

7 journées de femme, pour ramasser la mousse, à 1 fr..... 7 00

31 journées pour la plantation, à 1 fr. 50 c................. 46 50

Revient par arbre, 2 f. 27 c. 1/2.

——

En 1834 , mûriers , 36.

5 journées pour ouvrir les trous, à 1 fr. 50 c.................. 7 f. 50 c.

36 mûriers, à 75 c............ 27 00 } 39 00

3 journées pour la plantation, à 1 fr. 50 c................ 4 50

Revient par arbre, 1 fr. 8 c.

Les 60 mûriers de la vigne ont été plantés à diverses époques, et quasi sans frais ; il suffit de les porter, en y comprenant la valeur de l'arbre, à 1 fr. chaque, ci................ 60 00

La dépense du mur d'enceinte ayant 1,040 mètres de longueur et 1 mètre 2/3 de hauteur, doit figurer encore au compte de la plantation ; mais les mûriers ne peuvent en supporter que la moitié, parce qu'il sert aussi de clôture à une vigne, à un bosquet d'une assez grande étendue, au jardin, à la maison et à toutes ses dépendances : soit 520 mètres, à 62 c. 1/2 l'un dans l'autre, ci.................... 325 00

TOTAL des dépenses déjà faites... 1,960 30

A ces 1,960 fr. 30 c., il faudra ajouter encore le prix du défoncement des deux parties qui ne sont pas encore terminées, et qu'il est aisé d'évaluer. Le premier, qui se fait en ce moment, coûtera environ 150 fr., et le second, qui s'exécutera l'an prochain, pourra s'élever à 180 fr. : ensemble 330 fr. Supposons 400 fr. ; alors la dépense générale serait de 2,360 fr. 30 c. Voulant néanmoins faire la part des petites dépenses qui ont pu être oubliées ou de celles qui pourraient devenir nécessaires à l'avenir, j'adopte le chiffre rond de 2,500 fr., ou bien 3 f. par mûrier planté. Dans ce calcul, je n'assigne aucune rente au terrain, parce qu'il n'en donnait aucune.

Voyons maintenant quels sont les produits actuels et ceux qu'on a droit d'attendre dans un temps très-court, en évaluant seulement à 4 fr. le quintal de la feuille, tandis que le prix moyen des dernières vingt années, dans les Cevennes, est de 5 fr.

Quantité probable de feuille à récolter au printemps prochain 1836.

25 arbres plantés en 1825, évalués à 60 livres de feuille... 1,500.
297 *Idem*.......... 1826, ... 40 .... 11,880.
80 seulement en.... 1830, ... 30 .... 2,400.

Total de la feuille......... 15,780.

Ces arbres ayant été plantés à des époques différentes, plus ou moins rapprochées, je les supposerai, pour rendre mes calculs plus intelligibles, tous de l'âge de huit ans au moment actuel. Cette fiction me paraît fort admissible.

J'aurai donc à la huitième année cent cinquante-sept quintaux de feuille qui, au prix de 4 fr., me donneront un produit de 628 fr., c'est-à-dire, une rente d'un peu plus de 25 p. 100 des 2,500 fr. dépensés.

Dans quatre années d'aujourd'hui, les arbres de toutes les catégories pourront être dépouillés, et à cette époque, je leur assigne une production fort médiocre, en la portant à quarante livres de feuille pour chacun.

Huit cent trente-trois mûriers, nombre total, à quarante

livres, fourniront trois cent trente-trois quintaux vingt livres de feuille.

Ne calculons que sur trois cents quintaux qui, à 4 fr., vaudront 1,200 fr., et ces 1,200 fr., à la douzième année, représenteront un revenu qui approchera de 5o p. 100.

Arrivons par la pensée en 1845, et évaluons le produit de cette plantation après dix-huit ans d'existence. Que trouverons-nous, en restant même au-dessous des probabilités? Nous trouverons indubitablement, si les arbres continuent à recevoir les soins nécessaires, une récolte de quatre-vingts livres de feuille par mûrier qui, multipliée par 833, arrivera à six cent soixante-six quintaux. Négligeons les soixante-six et n'établissons notre compte que sur six cents quintaux. Ces six cents quintaux, à 4 fr., produiront bien 2,400 fr., ou quasi 100 p. 100 du capital. Il n'y a pas moyen de contester ces prévisions.

Je ne pousserai pas plus loin ce calcul des probabilités ; je le livre avec confiance à l'investigation des connaisseurs de tous les pays, et je prévois qu'ils le trouveront au-dessous de la réalité. J'interpelle tout le monde, et désire vivement d'être éclairé moi-même.

Cependant, si je disais vrai! mes compatriotes ne feraient-ils pas bien de jeter les yeux sur le résumé succinct que je vais vous présenter et qui vaut bien la peine d'être examiné?

Avec 2,5oo fr., 833 mûriers ont été plantés sur un terrain sans la moindre valeur, et au bout de huit ans, ils produiront 25 p. o/o de revenu.

A l'âge de 12 ans, cinquante pour cent, et à cette époque, le produit des quatre dernières années aura déjà fait rentrer le propriétaire dans la totalité de ses avances.

Encore 6 années plus tard, et le revenu de chaque année égalera le capital consacré à cette opération : restera encore l'espoir bien fondé d'une augmentation progressive.

Voilà, Monsieur, le secret de la richesse des pays qui ont su s'approprier cette heureuse culture.

Les avantages de ces sortes de plantations ne s'arrêtent

3

pas encore là ; viennent ensuite les bénéfices de l'éducation des vers-à-soie et ceux de la filature des cocons qui, dans plusieurs cas, peuvent doubler la somme des produits ; mais ce sont deux industries à part et dont je vous ai déjà présenté le compte dans une de mes dernières lettres.

D'autres que moi, dans le département, marchent aussi à grands pas dans cette carrière, et aujourd'hui ceux de mes concitoyens qui ont suivi les progrès des plantations et la marche rapide des éducations, sont complétement persuadés ; les timides prennent confiance et les incrédules doutent déjà. Voilà beaucoup de chemin fait en peu de temps.

Avant de finir, je dois aller au-devant d'une grave observation, qui pourrait m'être justement adressée par des personnes peu occupées de cette culture. On me dirait, peut-être, que tous mes calculs n'ont pas une base bien solide, puisqu'en les faisant je ne tiens aucun compte des mauvaises années et des accidens imprévus. Je répondrai hardiment, et aujourd'hui même : C'est parce que j'ai été sérieusement préoccupé des pertes qui peuvent survenir quelquefois, et particulièrement à la suite des gelées printannières, que j'ai porté mes évaluations à un quart au-dessous du produit ordinaire du mûrier, dans les contrées qui peuvent être prises pour terme de comparaison. J'ai dans mes mains tous les renseignemens nécessaires pour l'établir au besoin. J'ajouterai qu'avec cet excédant, je puis supporter une mauvaise année sur quatre sans déranger le résultat de mes chiffres. J'ajouterai encore que les produits de ce genre de culture sont si élevés, suivant le tableau que j'en présente, qu'en les réduisant, à volonté, d'un tiers, même de la moitié, il y aurait toujours un avantage considérable à se livrer à cette spéculation.

Mes mûriers de Rodez sont dans le plus bel état de prospérité, et cette plantation est déjà assez avancée pour me fournir, au mois de mai prochain, de trois à quatre cents quintaux de feuille. Je n'hésite pas à penser que j'en obtiendrai six cents dans quatre ans, parce qu'à cette époque tous mes arbres seront prêts à être dépouillés, et en bon rapport.

Ces deux plantations sont destinées à fournir, dans la suite, à deux éducations séparées; l'une sera faite à la campagne, où sont les arbres, et l'autre ici. Toutefois, j'ai dû songer à me donner au plus vite un local convenable pour utiliser leurs premiers produits réunis.

La construction de ma magnanerie est en bon train d'exécution et sera terminée dans le courant de la campagne prochaine. Elle sera assez vaste pour élever le nombre de vers nécessaires à la production de quarante quintaux de cocons, et divisée de manière à pouvoir faire à volonté de moindres éducations. Cette disposition est calculée sur la quantité de feuille que doivent produire mes mûriers déjà plantés. Les excellens conseils que vous avez bien voulu me donner à Paris, ont été fort heureusement mis à profit pour me ménager tous les avantages d'un établissement bien combiné, que je désirais placer tout d'abord sur la ligne des plus parfaits. Permettez-moi, Monsieur, de vous en exprimer ici toute ma reconnaissance.

L'établissement d'une filature à la vapeur composée d'un assez grand nombre de tours suivra aussi immédiatement. Le projet est fait, l'emplacement est choisi, et le marché passé avec un habile constructeur des Cevennes.

Des mesures seront prises pour que les éducateurs qui désireront s'épargner les embarras de la filature isolée, ou qui voudront réaliser à l'instant leurs produits, y trouvent la facilité de vendre leurs cocons aussitôt qu'ils seront faits. On y recevra aussi les cocons des producteurs qui préféreront les faire filer pour leur compte. Il en résultera une économie pour eux et une amélioration dans les produits.

Je prévois bien que j'aurai à lutter contre de nombreuses difficultés qui viennent ordinairement se grouper autour d'un établissement de création nouvelle; je connais déjà le haut prix et les inconvéniens du déplacement obligé d'un artiste constructeur; je sais toute la peine que j'éprouverai pour obtenir de bonnes fileuses étrangères, et ensuite pour les acclimater à Rodez; mais je sais aussi que la chance est bonne lorsqu'on a pour soi les probabilités réunies à l'énergique volonté de réussir. On a particulièrement du cœur à l'ouvrage, quand on se fonde, comme j'ose le faire, sur le concours de mes compatriotes, qui n'a jamais manqué à une entreprise utile, sur l'appui constant de l'administration locale, et sur la bienveillance de M. le ministre du commerce, dont j'ai déjà reçu des marques réelles d'approbation.

Si cette entreprise est couronnée de succès, je me flatte de voir bientôt quelques jeunes hommes doués de plus d'intelligence et mieux préparés que moi par leurs études, excités d'ailleurs par l'amour du bien public et dirigés aussi par leur intérêt privé, qui est encore un bon conseiller, se livrer avec ardeur à la propagation d'une industrie nouvelle pour nous, qui, à mon avis, promet au département un avenir plus prospère.

Agréez, Monsieur, etc.

AMANS CARRIER,

Membre de la Société d'agriculture de Rodez.

P.-S. — Sous peu de temps, j'aurai l'honneur de vous adresser un exemplaire de la relation de mon voyage, fait l'an passé dans les contrées où il est convenable d'étudier la culture du mûrier, l'éducation des vers-à-soie et la filature des cocons.

www.ingramcontent.com/pod-product-compliance
Lightning Source LLC
Chambersburg PA
CBHW060512200326
41520CB00017B/5008